W0344500

Wattenmeer erleben

Rainer Borcherding

Wattenmeer erleben

Wachholtz

Bildautoren

Den folgenden Bildautoren gilt ein herzlicher Dank für die Bereitstellung schöner Bildmotive. Klaus Günther: 111o, 111u, 112o, 113o, 115o, 116o, 116u, 117u, 118u, 119o, 120o, 121o, 121u, 122o, 123o, 123u, 124u, 125o, 126o, 126u, 127o, 128o, 128u, 129o, 129u, 130u, 133u, 135o, 136o, 136u, 139o; Kirsten Thiemann: 6o, 114o, 118o, 124o, 125u, 131o, 134u, 138o; Ilka Beermann: 104u, 126o, 130o; Martin Stock: 122u, 138o; Anja Szczesinski: 84o, 90u; Roland Suikat: 29u. Johan Krol: 127u; Jannes Landschoff: 89u; Stefan Czybik: 139u; Peter Jonas: 105o; Claudia Mohra: 46o.

1. Auflage 2014

Druck und Bindung: fgb freiburger graphische betriebe, freiburg
Printed in Germany
ISBN 978-3-529-05472-3

Besuchen Sie uns im Internet:
www.wachholtz-verlag.de

Inhaltsverzeichnis

Lebensraum Wattenmeer

Nicht überall kann man durch das Wattenmeer hindurch »waten«, auch wenn es so heißt. Manche Priele sind durchaus 10, teils sogar 40 m tief. Zwei Drittel der Wattflächen

aber fallen bei Ebbe trocken und sind dann für einige Stunden begehbar – mit allen ökologischen Folgen, die das Trockenliegen hat. Austrocknung, Überhitzung im Sommer, Frost im Winter und Aussüßung bei Regenschauern sind Herausforderungen, denen nur ein kleiner Teil der Nordseetiere gewachsen ist. Die Arten allerdings, die die Wattflächen besiedeln können, treten hier in oft riesigen Individuenzahlen auf. Das lockt Räuber auf den Plan: Vögel bei Ebbe, aber auch wandernde Fische und Krebse bei Flut nutzen den reich gedeckten Tisch.

Die südliche Nordsee unterliegt einer großräumigen Landabsenkung als Folge der Eiszeiten. Außerdem lassen menschliche Aktivitäten das Land absinken und das Meer steigen. Dies führt zu einer ständigen Landschaftsveränderung. In ruhigen Buchten lagern sich tonige Feinpartikel als Schlickwatt ab. Verlandet der Schlick, nennt man den Boden Klei, die Landschaft Marsch. Sand dagegen bildet Strände und Dünen. Alte Ablagerungen der Gletscher (Moränen) bestehen aus Lehm und Kies und werden als Geest bezeichnet. Die Geestrücken entlang der Küste, auf denen unsere Vorfahren seit der Steinzeit gerne siedelten, werden nach und nach vom Meer abgetragen. Kliff nennt man diese Abbruchkanten, wobei der Küstenschutz den Abbruch meist zu stoppen versucht.

Das Wattenmeer ist eine einmalige Naturlandschaft, die mit ihren Inseln, Stränden und dem weiten Horizont jedes Jahr Millionen von Besuchern anlockt. Das Watt ist anders als die Wälder, Wiesen und Gärten zu Hause und daher immer eine interessante Abwechslung. Um die Meerestiere und die Besonderheiten von Dünen, Salzwiesen und Inseln wirklich kennenzulernen, ist oft eine sachkundige Begleitung sinnvoll. Geführte Wattwanderungen, Vogelbeobachtungstouren oder Exkursionen in Düne und Salzwiese gibt es an der gesamten Wattenmeerküste. Keine Landschaft in Deutschland hat eine so hohe Dichte an Naturführern, Infozentren und Exkursionsangeboten wie das Wattenmeer mit seinen Nationalparks. Nutzen Sie diese Chance!

Veranstaltungstermine finden Sie unter anderem auf folgenden Internetseiten:

- www.waddenzee.nl (Niederlande)
- www.nationalpark-wattenmeer.de (ganz Deutschland)
- www.schutzstation-wattenmeer.de (Schleswig-Holstein)
- www.vadehav.dk (Dänemark)

Nationalpark und Weltnaturerbe Wattenmeer

Das Wattenmeer der Nordsee ist eine weltweit einzigartige Naturlandschaft. Im Jahr 2009 wurde es von der UNESCO in die Liste des Welterbes der Menschheit aufgenommen.

Nur hier walten die Naturkräfte in einer großen und vielfältigen Küstenlandschaft, die sich täglich durch Wind und Wellen wandelt.

Nur hier bevölkert eine seltene Vielfalt von über 10.000 Tier- und Pflanzenarten sowie zehn Millionen Zugvögeln die Dünen und Salzwiesen, Strände und Wattflächen.

Nur hier gibt es eine umfassend geschützte Naturlandschaft, die von drei Staaten gemeinsam bewahrt wird und großflächig als Nationalpark anerkannt ist.

Das Erbe bewahren

Dänemark, Deutschland und die Niederlande haben gemeinsam die Verantwortung für die größte zusammenhängende Wattfläche der Welt – mit allem, was in und auf ihr lebt. Diese besondere Verantwortung wurde schon früh erkannt, so dass die drei Staaten seit 1978 Schutz und Erforschung des Wattenmeeres gemeinsam betreiben.

Das gemeinsame Wattenmeer-Sekretariat informiert über den trilateralen Wattenmeerschutz:
www.waddensea-secretariat.org.

Gekrönt wurden die Schutzbemühungen durch die Anerkennung des Wattenmeeres als Weltnaturerbe, die 2009 für den deutschen und niederländischen Teil, 2013 für das dänische Wattenmeer wirksam wurde.
www.welterbe-wattenmeer.de

WATTENMEER
WELTNATURERBE

BeachExplorer – Artenvielfalt erleben

Das Watt ist nicht nur eine weltweit bedeutende Naturlandschaft, es ist auch eine Naturerlebnis-Landschaft. Über 500 Tier- und Pflanzenarten kann man angespült am Nordseestrand finden. Das klingt viel, ist es aber gar nicht. Allein mit diesem Buch können Sie schon 200 Arten kennenlernen!

Das Watt erforschen – eine Herausforderung

Manche Arten sind aus dem Wattenmeer verschwunden, andere wurden neu eingeschleppt. Bislang werden diese Veränderungen nur wenig erforscht. Da viele unserer Meerestiere sehr unterschiedlich aussehen, sind sie auch für Laien gut erkennbar. Und sobald eine Art richtig erkannt ist, kann man die Beobachtung wissenschaftlich auswerten. Hier setzt die Idee des BeachExplorers an.

Das Watt erforschen – machen Sie mit!

Das Internetportal BeachExplorer bietet einfach benutzbare Bestimmungshilfen für Strandfunde aller Art. Jeder Fund – von der Muschel bis zum Schiffswrack – kann via App oder vom Computer aus in die große Funddatenbank eingespeist werden. Hieraus werden Verbreitungskarten generiert, die mit der Zeit immer genauere Informationen bieten, wo im Wattenmeer welche Art wann gefunden wurde.

Wenn Sie also etwas Spannendes am Strand finden – melden Sie es! *www.beachexplorer.org*

Boden-Kieselalgen *Diatomeen*

Größe: 0,01 mm
Fundzeit: ganzjährig
Häufigkeit: ●●●●

Beschreibung: Gelbbraune oder grüne Farbschleier auf dem Wattboden kann man zu jeder Jahreszeit finden. Es sind Algenrasen aus mikroskopischen Einzellern, meist Blau- oder Kieselalgen. Die winzigen Algen leben auf den Sandkörnern und treiben im Sonnenlicht Photosynthese. Auf jedem Quadratzentimeter eines Kieselalgenrasens leben etwa eine Million Algenzellen aus etwa 40 verschiedenen Arten! Scheint die Sonne kräftig, erzeugen die Algen pro Quadratmeter ähnlich viel Sauerstoff wie ein Wald. Wenn Millionen von Algenzellen auf dem Wattboden umher schleimen, sichern sie neu abgelagerte Sandkörner – sie gewinnen neues Land!

Fucus vesiculosus Blasentang

Größe: 10–50 cm
Fundzeit: ganzjährig
Häufigkeit: ●●●●

Beschreibung: An jeder Ufermauer der Nordsee ist etwa 30 Zentimeter unterhalb der Hochwasserkante der Blasentang zu finden. Er besitzt einen verzweigten, bandförmigen Körper (»Thallus«) mit einer Mittelrippe. Typische Exemplare haben rundliche, gasgefüllte Blasenpaare zu beiden Seiten der Mittelrippe. Im Sommer bilden sich an allen Triebspitzen des Blasentangs pickelige Blasen, die mit Schleim gefüllt sind. Sie enthalten die Geschlechtszellen, die durch die Poren der Blasen ins Wasser gelangen. Viele Kosmetika enthalten Algenschleime – man darf sie gerne im Gesicht verreiben.

Darmtang *Enteromorpha spp.*

Größe: 10–30 cm
Fundzeit: Mai–Okt
Häufigkeit: ●●●○

Beschreibung: Hellgrüne Büschel oder Girlanden von Grünalgen sind im Sommerhalbjahr oft auf dem Watt zu finden. Eine Muschelschale, ja sogar eine winzige Wattschnecke kann als Haftgrund dienen, auf dem sich der Algenkeim ansiedelt. Es gibt mehrere Arten des Darmtangs im Watt. Er trägt seinen Namen, weil eine Art schlauchförmig ist, sich bei Sonne mit Gas füllt und dann aussieht wie ein Naturdarm – nur grün. Stickstoffhaltige Abwässer und Autoabgase fördern das Wachstum des Darmtangs.

Ulva spp. **Meersalat**

Größe: 10–40 cm
Fundzeit: Mai–Okt
Häufigkeit: ●●●○

Beschreibung: Er sieht aus wie Salatblätter, schmeckt aber eher wie salzige Plastikfolie und knirscht meist zwischen den Zähnen. Meersalat enthält zwar etwas Stärke, die wir verdauen könnten, aber er ist im Wattenmeer nie nachweislich als Lebensmittel genutzt worden. Auf dem Watt und in brackigen Salzwiesenprielen kann diese Grünalge im Sommer zu großen Lappen heranwachsen. Oft fressen Strandschnecken Löcher hinein, und viele Salatblätter werden auch abgerissen und angespült.

Purpurtang (für Sushi) *Porphyra spp.*

Größe: 5–20 cm
Fundzeit: Mai–Okt
Häufigkeit: ●●●○

Beschreibung: Was bei Ebbe an Hafenwänden und Steinbuhnen als dünner rot-braun-schwarzer Lappen in der Sonne trocknet, ist eine Rotalge, die es in sich hat. In Japan werden jährlich 900.000 Tonnen »Nori« im Wert von etwa 2 Milliarden Euro erzeugt.

Im Wattenmeer kommen zwei Arten des Purpurtangs vor. Bandförmig und im Winter wachsend ist der Echte Purpurtang (*Porphyra purpurea*). Einen Bauchnabel hat im Sommer der Nabel-Purpurtang (*Porphyra umbilicalis*).

Ceramium spp. **Hörnchentang**

Größe: 10–15 cm
Fundzeit: Mai–Okt
Häufigkeit: ●●○○

Beschreibung: An Felsküsten wie auf Helgoland gibt es viele rote, büschelig verzweigte Algen zu finden. Im Wattenmeer hat man nur in der Nachbarschaft großer Muschelbänke gute Chancen, den Hörnchentang oder eine verwandte Art zu entdecken. Diese feinästigen Rotalgen ertragen das Trockenfallen schlecht und wachsen daher bevorzugt unterhalb der Ebblinie. Ihre Farbstoffe funktionieren auch mit stark abgeschwächtem Sonnenlicht noch, so dass Rotalgen generell besser an tiefes Wasser angepasst sind. Sie stellen weltweit über zwei Drittel aller Großalgenarten!

Meersenf *Cakile maritima*

Größe: 10–50 cm
Fundzeit: Mai–Okt
Häufigkeit: ●●○○

Beschreibung: Am Dünenfuß, wo gerne die Urlauber auf ihren Badetüchern liegen, ist der Wuchsort des Meersenfs. Seine Samen werden von den Winterstürmen zusammen mit Algen angespült. Wenn im Frühjahr die Zersetzung des Treibsels beginnt, kann der keimende Meersenf diesen Kompost als Nährstoffquelle nutzen. Damit seine Samen immer im oberen Spülsaum landen, sind sie mit »Schwimmflügelchen« ausgestattet. Als Schutz gegen Trockenheit und das Sandstrahlgebläse des Flugsands ist der Meersenf sehr dickblättrig. Im Inneren enthält er Senföle (Blatt probieren!).

Honckenya peploides Salzmiere

Größe: 5–10 cm
Fundzeit: Mai–Okt
Häufigkeit: ●●●○

Beschreibung: Wie kleine Hochhäuser sehen die vierkantigen Sprosse der Salzmiere aus. Ihre Blättchen, die zum Schutz gegen Sandflug und Austrocknung extrem dickfleischig sind und dicht übereinander stehen, sind perfekt angeordnet: »kreuz-gegenständig« nennen Botaniker diese Blattstellung. Auf dem Strand, wo die Salzmiere in Flecken oder größeren Polstern wächst, ist sie oft die einzige Blütenpflanze weit und breit. Sie blüht Ende Mai kurz mit kleinen weißen Blüten, die kaum erkennen lassen, dass die Art zur Familie der Nelkengewächse gehört.

Strandhafer *Ammophila arenaria*

Größe: 40–80 cm
Fundzeit: ganzjährig
Häufigkeit: ●●●●

Beschreibung: Auf keinem Dünenfoto Europas fehlt der Strandhafer. Er ist die Charakterpflanze der Weißdünen, also der ersten Dünenkette am Strand. Seine biegsamen und gut gepanzerten Blätter schützen ihn gegen Wind und Sand, brechen aber leicht ab, wenn Dünenkletterer darauf treten. Dann können die Wurzeln, die in vielen Etagen den Sand durchwachsen, festhalten und zu Dünen auftürmen, den Sand nicht mehr halten. Trampelpfade in der Randdüne vergrößern sich bei Sturm schnell zu breiten Einschnitten. Ganze Dünenkuppen können ausgeblasen werden, wenn der Strandhafer zertreten wird.

Zostera marina **Großes Seegras**

Größe: 10–30 cm
Fundzeit: Mai–Okt
Häufigkeit: ●●○○

Beschreibung: Die Vorfahren des Großen Seegrases lebten im Süßwasser, deren Vorfahren lebten an Land, und deren Vorfahren waren Algen im Meer. Auf seinem langen Entwicklungsweg vom Meer über Land zurück ins Meer hat das Seegras einige neue Fähigkeiten entwickelt: Es hat Wurzeln, mit denen es sich aktiv im Sandgrund verankern kann, bildet Blüten und Samen, die eine bessere Keimung erlauben als einzellige Algensporen, und es besitzt robuste Blätter, die bei Ebbe noch lange Photosynthese betreiben, wenn Algen längst eingetrocknet sind. Ausgedehnte Seegraswiesen im Wattenmeer bilden ein wichtiges Versteck für Jungfische.

Schlickgras *Spartina anglica*

Größe: 20–50 cm
Fundzeit: ganzjährig
Häufigkeit: ●●●●

Beschreibung: Es war einmal ein Schlickgras aus Amerika namens *Spartina alterniflora*, das reiste im Jahr 1870 als blinder Passagier mit einem Schiff nach England. Dort gelangte es in die Salzmarsch und traf auf das westeuropäische Schlickgras *Spartina maritima*. Beide verliebten sich ineinander und hatten Nachkommen, die aber unfruchtbar waren. Um 1885 jedoch entstanden versehentlich Schlickgraskinder mit der doppelten Chromosomenzahl. Diese waren fruchtbar, mehrten sich und besiedeln seither alle Küsten der Nordsee. Und da sie leistungsfähige Salzdrüsen haben, 15 Stunden Überflutung pro Tag vertragen und sehr wuchskräftg sind, wuchern sie dort noch heute.

Salicornia europaea agg Queller

Größe: 10–25 cm
Fundzeit: April–Okt
Häufigkeit: ●●●●

Beschreibung: Wie ein kleiner Säulenkaktus sieht der Queller aus – und das, obwohl er meist täglich vom Meerwasser überflutet wird. Das Salz im Meerwasser ist der Grund für die Dickfleischigkeit des Quellers, die man »Salz-Sukkulenz« nennt. Da Salzionen den Stoffwechsel in den Zellen sehr stören, mussten alle Salzwiesenpflanzen Wege zur Handhabung des Salzes entwickeln. Der Queller nimmt über die Wurzeln das Salz mit auf und lagert es im Inneren seiner Zellen, wo es nicht stört. Den Sommer über steigt die Salzmenge in der Pflanze immer weiter, so dass das Zellinnere mit Wasser aufgefüllt werden muss. Dabei quillt der Queller auf – daher sein Name.

Portulak-Keilmelde *Atriplex portulacoides*

Größe: 20–50 cm
Fundzeit: ganzjährig
Häufigkeit: ●●●○

Beschreibung: In natürlichen Salzwiesen ersetzt knapp oberhalb der Flutlinie die Keilmelde das Andelgras. Die Keilmelde bildet großflächige Bestände in der mittleren Salzwiese – sofern nicht beweidet wird. Die keilförmig zum Stängel verschmälerten Blätter sind mit schuppenartigen Blasenhaaren bedeckt. In diese wird überschüssiges Salz gepumpt und so entsorgt. Der Geschmack und die Blattform erinnern an die altertümliche Gemüsepflanze Portulak, daher der Name. Die Samen der Keilmelde haben schwammige Hüllblätter und können weit schwimmen.

Aster tripolium Strandaster

Größe: 20–150 cm
Fundzeit: ganzjährig
Häufigkeit: ●●●○

Beschreibung: Für Naturliebhaber aller Art dürfte die Strandaster die attraktivste Salzwiesenpflanze sein. Sie blüht im August zahlreich in prächtigem Lila und Gelb, sie hat essbare Blätter und sie ist die Futterpflanze für 23 verschiedene Insektenarten. Hinzu kommen die Falter und Schwebfliegen, die ihre Blüten besuchen. Auch Weidevieh hat die Strandaster zum Fressen gern und vernichtet sie schnell restlos. Meist ist die Aster zweijährig: Im ersten Jahr bildet sie Blattrosette und Speicherwurzel. Im zweiten Jahr blüht sie, lässt hunderte von Fallschirmsamen reifen und stirbt dann ab. Jeder Blütenkopf besteht aus etwa 100 Einzelblüten.

Strandflieder *Limonium vulgare*

Größe: 10–30 cm
Fundzeit: ganzjährig
Häufigkeit: ●●○○

Beschreibung: Der Strandflieder war bis 1980 als Trockenstrauß so beliebt, dass er unter Naturschutz gestellt werden musste. Auch übermäßige Beweidung hatte zu seinem Rückgang geführt, obwohl die Schafe ihn eher umtreten als fressen, weil er ihnen nicht schmeckt. Die Blätter des Strandflieders sind im Unterschied zu denen der Strandaster dünn lederig (statt dickfleischig) und haben eine kleine Spitze. An der Blattunterseite befinden sich komplizierte Salzdrüsen, aus denen konzentriertes Salz ausgeschieden wird. Gelegentliche Überflutungen mit Salzwasser schützen den Flieder gegen einen gefährlichen Rostpilz.

Spergularia media Flügelsamige Schuppenmiere

Größe: 1–15 cm
Fundzeit: Mai–Okt
Häufigkeit: ●●●○

Beschreibung: Diese zart rosa Blüte in den sommerlichen Salzwiesen gehört zur Familie der Nelkengewächse. Ihre Blütenblätter werden bei steigendem Wasser zugedrückt und umschließen dabei eine Luftblase. So können die empfindlichen Staubbeutel in der Blütenmitte Sommersturmfluten trocken überstehen. Der Name Schuppenmiere kommt daher, dass am Grund der nadelförmigen Blätter ein Paar silbriger Schuppen sitzt. Der Hautrand an den Samenkörnern, der den Rest des Namens beisteuert, fehlt lustigerweise oft. Die Pflanze überwintert als Wurzelstock. In höherem Gras klimmt sie zur Sonne empor, indem sie sich an Nachbarpflanzen abstützt.

Stranddreizack *Triglochin maritimum*

Größe: 20–50 cm
Fundzeit: ganzjährig
Häufigkeit: ●●●○

Beschreibung: Eine wenig bekannte, aber durchaus häufige Salzwiesenpflanze ist der Stranddreizack. Er hat schnittlauchartige Blätter und blattlose Blütenstiele, die eine dichte Rispe aus 50 bis 100 kugeligen Blüten tragen. Büschelige rosa Narben sind ihr einziger Schmuck. Zerreibt man ein Blatt des Dreizacks zwischen den Fingern, verströmt es einen seltsam chlorigen Geruch, der Pflanzenfresser warnen soll. Die Pflanze bildet nämlich zur Blütezeit ein giftiges Alkaloid namens Triglochidin, mit dem sie Feinde abwehrt. Trotzdem kann man Dreizack wie Spinat kochen, muss allerdings zwei Mal das Kochwasser abgießen, um das Gift zu entfernen. »Röhrkohl« heißt diese besondere Spezialität in Ostfriesland.

Glaux maritima **Milchkraut**

Größe: 1–20 cm
Fundzeit: April–Okt
Häufigkeit: ●●●○

Beschreibung: Die kleinen rosa Blütenglöckchen in den Blattachseln des Milchkrauts sind ab Ende Mai zu finden. Das zierliche Primelgewächs ist auf Sand- und Schlicksalzwiesen der ganzen Nordhalbkugel zu finden – von Husum bis Alaska. Es meidet die unteren Zonen, die bei Springflut überflutet werden. In dichter Vegetation reckt es sich als »Spreizklimmer« der Sonne entgegen. Auf kahlem Sandboden oder bei Beweidung bleibt es dagegen ganz niedrig und bildet dichte Polster. Der Name der Art beruht auf dem Aberglauben, dass das Kraut die Milchproduktion von Kühen (und Frauen) steigern soll. Zur Salzausscheidung besitzt die Pflanze zweizellige Blasenhaare.

Strand-Grasnelke *Armeria maritima*

Größe: 5–30 cm
Fundzeit: ganzjährig
Häufigkeit: ●●●●

Beschreibung: Die rosa Blütenköpfchen der Grasnelke, sind in der Jahreszeit zu sehen, in der friesischer Regen ohne Mütze und Handschuhe erträglich ist: von Mai bis September. An Europas Küsten besiedelt die Art sowohl Salzwiesen als auch Dünen. Daher passt ihr wissenschaftlicher Name *Armeria maritima*, der sich vom keltischen »ar moer« für »am Meer« ableitet. Der deutsche Name bezieht sich auf die schmalen, grasartigen Blätter, die als flache Rosette aus dem langlebigen Wurzelstock herauswachsen. Die Grasnelke gehört wie der Strandflieder zur kleinen Familie der Bleiwurzgewächse, die gut mit giftigen Ionen im Boden zurecht kommen.

Artemisia maritima **Strandbeifuß**

Größe: 20–50 cm
Fundzeit: ganzjährig
Häufigkeit: ●●●○

Beschreibung: Der aromatische Duft des Strandwermuts gehört zu den schönsten Sinneseindrücken, wenn man im Sommer in einer Salzwiese liegt. Eigentlich ist der Duft eine Warnung an Pflanzenfresser, denn alle Wermutarten enthalten reichlich Bitterstoffe. Sie schützen diese Halbsträucher, von denen in Asiens Steppen über 200 Arten vorkommen, gegen Weidetiere. In Friesland steckte man früher Wermutsträußchen in Betten und Kleiderschränke, um Ungeziefer zu vertreiben.

Spießmelde *Atriplex hastata*

Größe: 30–60 cm
Fundzeit: Mai–Okt
Häufigkeit: ●●●○

Beschreibung: Auf kahlen Bodenstellen der oberen Salzwiesen wachsen oft buschige Kräuter mit pfeilförmigen Blättern. Bis zu sechs Arten von Melden sind an den Küsten zu finden, wobei die Spieß- oder Pfeilmelde die häufigste ist. Je nach Wuchsort ist sie aufrecht oder buschig, dickfleischig oder dünnblättrig und hat stark oder kaum gezähnte Blattränder. Sicher erkennbar ist sie an ihren großen unteren Blättern, deren Blattgrund im 90°-Winkel vom Blattstiel abzweigt. Melden sind ungiftig und können wie der entfernt verwandte Spinat als Blattgemüse gegessen werden.

Plantago maritima **Strandwegerich**

Größe: 2–40 cm
Fundzeit: ganzjährig
Häufigkeit: ●●●○

Beschreibung: Es gibt vermutlich keinen Ort in Deutschland, wo man nicht in 100 Metern Umkreis einen Spitz- oder Breitwegerich finden kann. In den Salzwiesen der Küste wächst der weniger auffällige Strandwegerich. Seine schmalen Blätter sind längs gefurcht und – im Unterschied zu Gras – dickfleischig. Als »Suden« waren sie ein Frühlingsgemüse in Nordfriesland. Bei starker Beweidung und in Dünentälern bildet die Art eine Zwergform mit nur einen Millimeter breiten Blättern. Die Blütenstände sehen wie bei allen Wegerichen aus: eine grüne Ähre mit gelben Staubfäden auf einem blattlosen Stiel. Die Pollen verbreitet der Wind.

Dünen-Kugelkäfer *Aegialia arenaria*

Größe: 4–6 cm
Fundzeit: Mai–Aug
Häufigkeit: ●●●○

Beschreibung: Vor und hinter den Weißdünen in Strandnähe ist im Sommer eigentlich immer dieser kleine, kugelige Käfer zu finden. Er kämpft sich mit unermüdlicher Ausdauer Schritt für Schritt die lockeren Sandböschungen hinauf. Oft kullert er in die Krater von menschlichen Fußspuren und muss sich gleich die nächste Böschung wieder hinaufkämpfen – Hügel um Hügel, Meter für Meter. Der Dünen-Kugelkäfer gehört zur Familie der Blatthornkäfer, zu denen auch Maikäfer, Mistkäfer und der heilige Skarabäus der Ägypter gehören. Auffallend sind bei diesem Käfer die mit Dornen verbreiterten Beinchen, die ihm im Lockersand als »Schuhe« dienen.

Bledius spectabilis Prächtiger Salzkäfer

Größe: 5–7 cm
Fundzeit: Mai–Okt
Häufigkeit: ●●●○

Beschreibung: Eines der wenigen Insekten, die sich einen Lebensraum unterhalb des Meeresspiegels erobern konnten, ist der Prächtige Salzkäfer. Er lebt auf Kleiböden in der Quellerzone, also knapp unterhalb der Flutlinie, wohin zweimal täglich das Wasser kommt. Der Käfer lebt von Mikroalgen, die er von der Bodenoberfläche abweidet. Bei Flut zieht er sich in seinen 10 Zentimeter tiefen Gang zurück, der mit Speisekammer, Klo, Kinderzimmern und Flutschutztür ausgestattet ist: Im Eingang knickt der Gang wie das U-Rohr am Spülbecken und hält eine Luftblase fest, die Wassereintritt verhindert. Eine Seitenkammer enthält Algen für Schlechtwetterzeiten.

Strandwegerich-Gallrüssler *Mecinus collaris*

Größe: 3–4 cm
Fundzeit: Mai–Aug
Häufigkeit: ●●○○

Beschreibung: Der Strandwegerich-Gallrüsselkäfer ist eine der über 1500 Insektenarten der Salzwiese. Seine Larve lebt im Stängel des Strandwegerichs in einer Verdickung (Galle), die durch die Eiablage des Käfers im Mai entsteht. Die Galle wächst genau so schnell, dass die Käferlarve im Inneren genug Futter hat, ohne zerquetscht zu werden. Im August, wenn die Wegerichsamen reifen und der Stängel vertrocknet, schlüpft der junge Rüsselkäfer aus seiner Puppe. Sobald seine Mundwerkzeuge hart sind, nagt er ein Schlupfloch in die Galle und sucht sich draußen ein Winterversteck.

Hydractinia echinata Stachelpolyp

Größe: 1–6 mm hoch
Fundzeit: ganzjährig
Häufigkeit: ●●●○

Beschreibung: Glücklich darf sich der Einsiedlerkrebs schätzen, auf dessen Schneckenhaus eine braun-rosa Stachelkruste wächst. Dies ist nämlich eine Kolonie des Stachelpolypen, eines entfernt mit den Korallen verwandten Nesseltiers. Stachelpolypen leben nur auf Schneckenhäuschen, die von einem Einsiedler bewohnt sind. Vorteil für den Polypen: Er wird spazieren getragen, kann nicht übersanden oder von Seeigeln gefressen werden, und er bekommt Futterreste ab, wenn der Krebs seine Beute zerreißt. Vorteil für den Krebs: Sein Häuschen ist von nesselnden Polypen bedeckt und vor allem – es wächst mit! So passt der Krebs länger in sein Häuschen – ein wichtiger Beitrag gegen die Wohnungsnot!

Ohrenqualle *Aurelia aurita*

Größe: 15–35 cm
Fundzeit: Mai–Sept
Häufigkeit: ●●●○

Beschreibung: Quallen sind eigentlich Tiere der Hochsee und sterben bei Grundberührungen und Strandungen schnell. Sie bestehen zu 98 Prozent aus Wasser und sind so langsame Schwimmer, dass man sie dem ziellos umhertreibenden Plankton zurechnet. Die Ohrenqualle ist in jahrweise wechselnder Häufigkeit im Wattenmeer anzutreffen. Ihre vier weiß bis lila gefärbten „Ohren" in der Schirmmitte sind die Geschlechtsorgane (Männchen rosa, Weibchen bläulich). Quallen (Medusen) gibt es daher nur im Sommer, sie sind sozusagen die »Blüteform« dieser Nesseltiere.

Asterias rubens **Seestern**

Größe: 30–50 cm
Fundzeit: ganzjährig
Häufigkeit: ●●●○

Beschreibung: Eines der populärsten Nordseetiere ist der Seestern. Zoologen haben bis heute keine rechte Erklärung, warum vor 550 Millionen Jahren die fünfarmige Form entstanden ist. Die Larve eines Seesterns ist anfangs zweiseitig symmetrisch. Dann entsteht ein fünfstrahliger Fortsatz an der Larve, der weiterwächst, während die ursprüngliche Larve verkümmert. Seesterne sind Räuber und fressen meist Muscheln, die sie in stundenlangem Wettkampf aufziehen. Erst mit 13 Zentimetern Durchmesser sind Seesterne geschlechtsreif und geben aus den Armbeugen Geschlechtszellen ab. Wie alt sie werden können, ist unklar.

Strandseeigel *Psammechinus miliaris*

Größe: 3–4 cm
Fundzeit: ganzjährig
Häufigkeit: ●●○○

Beschreibung: Ein wehrhaftes, aber für uns ungefährliches Wattenmeertier ist der Strandseeigel. Seine Stacheln sind nicht so spitz wie bei den in südlichen Meeren lebenden Diademseeigeln. Sie reichen nur, um Krebse und Fische fernzuhalten. Seeigel sind Allesfresser, die auf Felsen und Muschelbänken umherkriechen und mit ihren fünf spitzen Zähnen alles abknabbern, was nicht wegläuft: Algen, Seepocken, Moostierchen, Schwämme und Nesseltiere. Im Wattenmeer gibt es den Strandseeigel vor allem in tiefen Prielen mit viel Hartgrund wie beispielsweise bei Sylt.

Arenicola marina **Wattwurm**

Größe: bis 25 cm
Fundzeit: ganzjährig
Häufigkeit: ●●●●

Beschreibung: Ohne den Wattwurm wäre das Wattenmeer sehr platt und hätte weniger Bodenleben. Jeder Wattwurm legt einen 30 Zentimeter tiefen, U-förmigen Gang an, in dessen unterem Teil er liegt. Vorne rutscht der Sand nach, den der Wurm frisst, so dass sich ein Einsturztrichter bildet. So wandern die oberen 30 Zentimeter des Wattbodens einmal jährlich durch die Wattwürmer. Da jeder Wurm außerdem Atemwasser durch seine Röhre pumpt, belüftet er den ganzen Wattboden.

20 bis 50 erwachsene Wattwürmer wohnen unter einem Quadratmeter Sandwatt. In Schlickwatt, wo die Jungtiere leben, können es mehrere Hundert sein.

Bäumchenröhrenwurm *Lanice conchilega*

Größe: bis 20 cm
Fundzeit: ganzjährig
Häufigkeit: ●●●○

Beschreibung: Ein erstaunlicher Baumeister unter den Borstenwürmern im Watt ist der Bäumchenröhrenwurm. Auf dem Wattboden sieht man das Bäumchen, darunter kommt die Röhre und in 30 Zentimeter Tiefe sitzt der Wurm. Bei Gefahr ist er blitzschnell am unteren Ende seiner Wohnröhre und sichert sich mit nach oben gerichteten Borsten gegen das Herausgezogen werden. Während der Überflutungszeit, wenn Vögel mit ihren langen Schnäbeln ihn nicht gefährden, sitzt der Wurm am Oberende seiner Behausung. Etwa 200 haarfeine Tentakeln, die sich kräuseln und feine Partikel festhalten können, wickelt er um seine Baumkrone.

Hediste diversicolor **Bunter Seeringelwurm**

Größe: bis 15 c
Fundzeit: ganzjährig
Häufigkeit: ●●●●

Beschreibung: Ein Multitalent unter den Borstenwürmern im Watt ist der Bunte Wattringelwurm. Er ist je nach Gelegenheit Räuber, Filtrierer oder »Weidegänger«. Für die Jagd auf andere Würmer oder auf Schlickkrebse hat er kräftige Kieferzangen aus Chitin. Sitzt er in seinem verzweigten Gang im Boden, pumpt er Wasser durch die Röhre. Dabei bleibt Plankton im Schleim der Wände hängen, den er mitsamt dem Fang auffrisst. Auch kann man auf dem Watt immer wieder geweihartig verzweigte Spuren sehen, wo der Wurm Schlickteile von der Oberfläche abgeweidet hat.

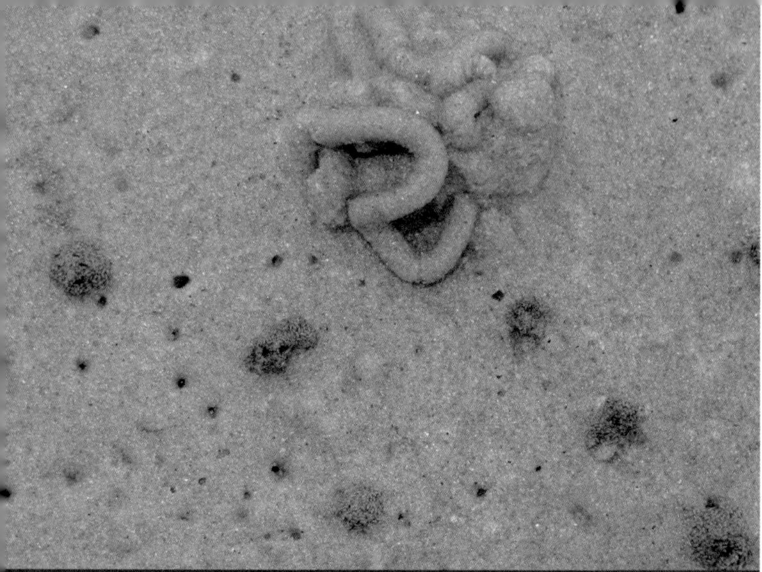

Kotpillenwurm *Heteromastus filiformis*

Größe: bis 10 cm
Fundzeit: ganzjährig
Häufigkeit: ●●●○

Beschreibung: Auf schlickigen Watten sind oft alle paar Zentimeter reiskorngroße Kothäufchen zu finden. Sie sind meist schwarz und heben sich oft deutlich von der braunen Wattoberfläche ab. Bei genauer Betrachtung sieht man, dass jedes Häufchen aus vielen Dutzend ovaler Kotpillen besteht, die jede etwa 0,5 Millimeter lang sind. Der Kotpillenwurm selbst ist etwa einen Millimeter dick und kräftig rot gefärbt. In seinem Inneren ist ein dunkler Sandstrang zu erkennen. Wie ein Förderband frisst der Wurm ständig in der Tiefe Sand und scheidet ihn oben aus. Dabei schafft er es, die organischen Anteile des Bodens zu verdauen, ohne dass der Darminhalt durch Sauerstoff oxidiert und braun wird.

Cerastoderma edule Essbare Herzmuschel

Größe: 3–6 cm
Fundzeit: ganzjährig
Häufigkeit: ●●●●

Beschreibung: Die häufigste Muschel des Wattenmeeres ist sicherlich die Herzmuschel. Sie kann mit über 1.000 Exemplaren pro Quadratmeter auftreten, die Jungtiere im Sommer sogar kurzzeitig mit 100.000! Im ersten bis dritten Jahr werden die allermeisten Exemplare von Vögeln und Krebsen aufgefressen. Ein hungriger Austernfischer allein verbraucht im Winter pro Tag etwa 300 einjährige Herzmuscheln! Die Überlebenden können sieben bis acht Jahre alt werden. Eine erwachsene Herzmuschel filtert stündlich zwei bis drei Liter Wasser. Im Frühjahr gibt jedes Weibchen 5.000 bis 50.000 Eier ins Wasser ab, die nach einem Monat zu Babymuscheln werden.

Miesmuschel *Mytilus edulis*

Größe: 7–11 cm
Fundzeit: ganzjährig
Häufigkeit: ●●●●

Beschreibung: Vor der Einschleppung der Pazifikauster war die Miesmuschel die einzige Muschelart, die frei auf der Wattoberfläche lebte. Hier kann sie große Muschelbänke bilden, indem sich Tausende von Miesmuscheln mit ihren Haftfäden (Byssus) zusammenkleben. Eine große Miesmuschel kann 10 Liter Wasser pro Stunde filtern! Den dabei aus dem Wasser entnommenen Schlick scheidet sie sofort aus, was zu einer Aufhöhung der Miesmuschelbank um bis zu 30 Zentimeter pro Jahr führen kann.

Crassostrea gigas Pazifische Auster

Größe: 15–30 cm
Fundzeit: ganzjährig
Häufigkeit: ●●●●

Beschreibung: Die aus Japan zur Muschelzucht eingeführte Pazifikauster ist das Musterbeispiel eines invasiven Neozoen, einer lästigen Einschleppung also: Sie verändert das Ökosystem Wattenmeer durch Riffbildung, nimmt der heimischen Miesmuschel Flächen weg und ist für heimische Räuber kaum nutzbar. Außerdem kann man sich daran fies die Füße zerschneiden. Von Muschelzuchten bei Sylt und in Holland ausgehend hat die Art mit der Meereserwärmung ab 1995 das ganze Watt besiedelt. Vögel und Krebse können die Austern nicht öffnen.

Baltische Plattmuschel *Macoma baltica*

Größe: 2–3 cm
Fundzeit: ganzjährig
Häufigkeit: ●●●●

Beschreibung: Von Gelb, Orange und Rosa bis gelegentlich Blau oder Grün gibt es kaum eine Sonnenuntergangsfarbe, die man nicht auf den Schalen der Plattmuschel finden kann. Ihr nordfriesischer Name »Rote Bohne« bezeichnet ebenfalls diese wohl auf Carotin beruhende Färbung. Die Plattmuschel sitzt 3 bis 10 Zentimeter tief im Boden und hat zwei lange Siphone.
Das Wattenmeer ist die Kinderstube der Plattmuschel, wo sich im Sommer Millionen von Jungmuscheln ansiedeln. Im ersten oder zweiten Winter lassen sich die meisten an einem Schleimfaden in die Nordsee hinaustragen, wo sie 10 bis 25 Jahre alt werden und viele Eier produzieren.

Mya arenaria Sandklaffmuschel

Größe: 10–15 cm
Fundzeit: ganzjährig
Häufigkeit: ●●●●

Beschreibung: Nur selten bekommt man diese ansehnliche Muschel, deren Schalen oft im Watt zu finden sind, lebend zu Gesicht. Sie sitzt bis zu 30 Zentimeter tief im Boden und verrät sich nur durch ein ovales Loch. Steckt man den Finger ganz hinein, kann man manchmal in der Tiefe den Sipho spüren, den die Muschel sofort weiter einzieht. Die Art kam nachweislich um das Jahr 1050 mit den Wikingern aus Nordamerika nach Europa und hat sich hier ausgebreitet. Während sie in Amerika als Delikatesse gilt, wurde sie bei uns nur in der Hungersnot des Jahres 1946 gegessen. Man muss sie kräftig entsanden, sonst knirscht´s ...

Amerikan. Schwertmuschel *Ensis americanus*

Größe: 12–16 cm
Fundzeit: ganzjährig
Häufigkeit: ●●●●

Beschreibung: Schwertmuscheln waren bis etwa 1980 eine große Rarität am Nordseestrand, und im Watt gab es sie gar nicht. Dann erschien in Millionenzahl die aus Nordamerika in die Elbmündung eingeschleppte Art und breitete sich rasant aus. Heute kommt sie von den unteren Wattflächen bis in 20 Meter Nordseetiefe überall vor. Sie kann mit Hunderten von Exemplaren pro Quadratmeter im Boden stecken. Zur Nahrungsaufnahme sitzt die Schwertmuschel direkt unter der Oberfläche und filtriert Plankton. Bei Gefahr gräbt sie sich binnen Sekunden mit ihrem sehr kräftigen Fuß bis zu 30 Zentimeter tief ein.

Petricola pholadiformis Amerikan. Bohrmuschel

Größe: bis 6 cm
Fundzeit: ganzjährig
Häufigkeit: ●●●○

Beschreibung: Wo im Wattboden alte Torf- oder Kleischichten stecken, ist ein Lebensraum für Muscheln, die sich in dieses harte Substrat einbohren können. Um 1890 erreichte die Amerikanische Bohrmuschel mit Zuchtaustern Ostengland. Sie eroberte sich schnell ein Siedlungsgebiet von Südnorwegen bis zum Senegal. Mit den Raspelzähnen auf ihrer Schale bohrt sie sich in Hartböden ein. Je älter und größer die Muschel ist, umso tiefer dringt sie in den Untergrund ein. Da man oft leere Doppelklappen findet, heißt sie auch »Engelsflügel«.

Wattschnecke *Hydrobia/Peringia ulvae*

Größe: 3–6 mm
Fundzeit: ganzjährig
Häufigkeit: ●●●●

Beschreibung: Das wohl häufigste Tier im Wattenmeer ist die Wattschnecke. Bis zu 100.000 Exemplare leben auf einem Quadratmeter, und stellenweise werden Millionen angespült. Lebende Wattschnecken können nämlich an der Wasseroberfläche kriechen, um dort Schaum und organische Reste zu fressen. Erfasst die steigende Flut sie, driften sie mit 3 bis 4 Stundenkilometern Richtung Ufer. Die Eigelege kleben sie sich gegenseitig auf die Gehäuse. Es gibt mehrere Laichperioden im Jahr, und die Schnecken leben meist etwa acht Monate.

Littorina littorea Gemeine Strandschnecke

Größe: bis 3,5 cm
Fundzeit: ganzjährig
Häufigkeit: ●●●●

Beschreibung: An jeder Ufermauer, aber auch an vielen Stellen auf dem Watt sind die Strandschnecken in großer Zahl anzutreffen. Auf dem Watt hinterlassen sie meterlange Spuren, während sie Mikroalgen von den Sandkörnern ablecken. An Uferkanten grasen sie bis weit hinauf an die Flutkante und warten dort, ob sie bei einer höheren Flut noch weiter kommen. Geschieht dies nicht, lassen sie sich nach Tagen fallen. Ihr Horndeckel (Operculum) verschließt das Gehäuse so fest, dass sie Wochen ohne Wasser auskommen können. An Felsküsten kann die Art zehn Jahre alt werden, im Watt deutlich weniger.

Wellhornschnecke *Buccinum undatum*

Größe: bis 10 cm
Fundzeit: ganzjährig
Häufigkeit: ●●○○

Beschreibung: Der bei Strandspaziergängern wohl beliebteste Fund ist das Gehäuse der Wellhornschnecke. Lebende Exemplare gibt es derzeit nur im nördlichen Wattenmeer, da giftige Schiffsanstriche (TBT) die Art entlang der Schifffahrtsrouten im südlichen Watt ausgerottet haben. Erwachsene Einsiedlerkrebse brauchen die Schneckenhäuser in der Nordsee als Behausung.

Oft liegen am Strand die pergamentartigen Eiballen. Jede Blase enthält etwa 300 Eier, aus denen jeweils drei bis vier Babyschnecken schlüpfen, die die restlichen Eier fressen.

Crepidula fornicata Pantoffelschnecke

Größe: bis 5 cm
Fundzeit: ganzjährig
Häufigkeit: ●●●○

Beschreibung: Diese in mehrerer Hinsicht ungewöhnliche Schnecke ist um 1880 aus Amerika nach Europa verschleppt worden. Die Pantoffelschnecke kriecht nicht umher, sondern sitzt den größten Teil ihres bis zehn Jahre währenden Lebens bewegungslos auf und unter je einer Artgenossin. Innerhalb eines »Schneckenturmes« sind die großen Tiere Weibchen, die kleinen oben Männchen. Mit zunehmender Größe werden auch neu herangekrochene Jungtiere erst Zwitter, dann Weibchen.

Graue Käferschnecke *Lepidochiton cinereus*

Größe: 1–2,5 cm
Fundzeit: ganzjährig
Häufigkeit: ●●●○

Beschreibung: Eigentlich erinnert dieses Tier weder an einen Käfer noch an eine Schnecke und sollte lieber »Asselschnecke« heißen. Die sehr urtümlichen Käferschnecken sind mit den anderen Weichtieren nur sehr entfernt verwandt. Weltweit gibt es etwa 1.000 schwer unterscheidbaren Arten, von denen nur eine im Watt vorkommt. Unsere Käferschnecke grast auf Muschelschalen oder glatten Steinen die Mikroalgen von der Oberfläche. Bei Gefahr saugt sie sich sehr fest an den Untergrund und ist dann kaum abzulösen. Die Art hat kaum Fressfeinde, gibt ihre Geschlechtszellen frei ins Wasser ab, und niemand weiß, wie alt die Tiere normalerweise werden.

Semibalanus balanoides Gewöhnliche Seepocke

Größe: bis 2 cm
Fundzeit: ganzjährig
Häufigkeit: ●●●●

Beschreibung: Seepocken sehen gar nicht mehr aus wie Krebse, da ihr Körper sich entsprechend der Lebensweise stark umgewandelt hat. Die schwimmende Larve (Nauplius) sieht noch so aus wie bei anderen Krebsen. Dann klebt sie sich kopfüber an einem Stein fest, bevorzugt in der Nähe von Artgenossen. Innerhalb eines Tages bildet sie einen flachen Rückenpanzer, in den sie dann Kalk einlagert. Auf dem Bild sieht man ganz frisch angesiedelte Larven und auch abgeflachte vom Vortag. Unsere Seepocken werden meist nur ein bis zwei Jahre alt und einen Zentimeter groß.

Australische Seepocke *Elminius modestus*

Größe: bis 1 cm
Fundzeit: ganzjährig
Häufigkeit: ●●●●

Beschreibung: Eine der vielen in das Wattenmeer eingeschleppten und inzwischen allgegenwärtigen Arten ist die Australische Seepocke. Man erkennt sie an der Kreuzform: Sie hat nur vier statt sechs Wandplatten, von denen jede oft zwei Längsrippen hat.

In der Gezeitenzone konkurriert sie mit der Gewöhnlichen Seepocke um jeden Quadratzentimeter Siedlungsplatz. Da die heimische Art frosthärter ist als der Einwanderer, schafft jeder Eiswinter Platz für die Gewöhnliche Seepocke. Nach mehreren warmen Wintern sitzt dann fast überall wieder die australische Art.

Talitrus saltator Strandflohkrebs

Größe: bis 1,8 cm
Fundzeit: April–Nov
Häufigkeit: ●●●○

Beschreibung: Wenn man am Strand alte Algenbüschel hochhebt, löst man oft für einige Sekunden ein hektisches Gespringe in alle Richtungen aus. Hellgraue Strandflohkrebse bemühen sich nach Kräften, schnellstens weit weg und in Deckung zu kommen. Die Flohkrebse, die ihrem Namen alle Ehre machen, leben von angespülten Algen. Vor Steinwälzer und Sanderling rettet sie auf dem Strand nur hektische Flucht. Daher sind sie überwiegend nachtaktiv und graben sich tagsüber oft über 10 Zentimeter tief im Sand ein, was große, runde Sandhaufen hinterlässt.

Schlickkrebs *Corophium spp.*

Größe: bis 9 mm (+ Antennen)
Fundzeit: April–Nov
Häufigkeit: ●●●○

Beschreibung: Ein kleines Krabbeltier, das mitunter zu Millionen im Wattboden anzutreffen ist, manchmal aber auch ganz fehlt, ist der Schlickkrebs. Der Schlickkrebs besiedelt Schlickwatten nahe der Salzwiesenkante. Die Männchen haben körperlange Antennen, mit denen sie Futter suchen und auf der Suche nach Weibchen umher krabbeln. Die Antennen der Weibchen sind nur halb so lang.

Gammarus locusta Tangflohkrebs

Größe: bis 2,5 cm
Fundzeit: ganzjährig
Häufigkeit: ●●●○

Beschreibung: Wo immer es Algen gibt, ist mit etwas Suchen auch der Tangflohkrebs zu finden. Er ist seitlich abgeplattet und hat verschieden gestaltete Beinsorten: vorne Greiffüße wie Boxhandschuhe, hinten Stabbeine, um sich zwischen Pflanzen abzustoßen, und unter dem Hinterleib Paddelfüße für die Atmung. Oft sieht man die Flohkrebse im Doppelpack: Das größere Männchen hält unter dem Bauch ein Weibchen, bis dieses sich häutet und paaren kann. Die Farbe des Krebschens variiert von grün bis schwarz und richtet sich nach seiner Nahrung. Er ist ein wichtiges Beutetier für viele Fische und Vögel.

Sandgarnele *Crangon crangon*

Größe: 6–10 cm
Fundzeit: ganzjährig
Häufigkeit: ●●●●

Beschreibung: Der ökonomisch und ökologisch wichtigste Krebs des Wattenmeeres ist die Sand- oder Nordseegarnele, die unter den Namen Krabbe, Granat oder Porren als Delikatesse gefischt und vermarktet wird. Als Räuber bestimmt die Garnele den Nachwuchs an Jungmuscheln und Borstenwürmern. Sie selbst ist ein wichtiges Futter für viele Fische und Seevögel. Meist wird die Garnele nur drei Jahre alt, kann sich aber schon nach einem Jahr fortpflanzen und legt bis zu dreimal im Jahr Eier. Sie überwintert im tieferen Wasser außerhalb des Wattenmeeres. Die ersten Jungtiere erscheinen Anfang Mai zu Millionen in den Wattpfützen.

Palaemon adspersus Steingarnele

Größe: bis 6 cm
Fundzeit: ganzjährig
Häufigkeit: ●●○○

Beschreibung: Diese ausgesprochen schmucke Garnele ist zwischen Algen an Hafenmauern und Steinmolen weit verbreitet und meist häufig. Vor allem in der westlichen Ostsee ist sie die häufigste Garnelenart. Von anderen durchsichtigen Garnelen mit Stirnhorn (Blick von der Seite!) unterscheidet sie sich durch die blau-gelben Ringelsöckchen. Hat man ein blasses Exemplar, muss man die Dornen auf der Oberseite des Stirnhorns zählen: Es sollen sieben bis zehn sein, davon drei hinter dem Auge.

Einsiedlerkrebs *Eupagurus bernhardus*

Größe: bis 10 cm
Fundzeit: ganzjährig
Häufigkeit: ●●●○

Beschreibung: Es ist im Grunde eine kaum glaubliche Anpassung: ein Krebs bildet den eigenen Panzer zurück und sucht stattdessen den Schutz eines leeren Schneckenhauses, das offensichtlich stabiler ist. Von den weltweit über 1.000 Arten von Einsiedlerkrebsen lebt nur eine Art im Wattenmeer. Er bewohnt zunächst ein winziges Wattschneckenhaus, dann eine Strandschnecke – und mit Glück irgendwann eine Wellhornschnecke. Wie geht der Krebs aufs Klo? Er macht in sein Häuschen und spült mit den hinteren Beinpaaren kräftig durch.

Carcinus maenas **Strandkrabbe**

Größe: bis 7 cm Panzerbreite
Fundzeit: ganzjährig
Häufigkeit: ●●●●

Beschreibung: Eine Begegnung mit einer drohenden Strandkrabbe ist für die meisten Kinder der Höhepunkt des Nordseeurlaubs. Die Strandkrabben sind oft todesmutige Kämpfer, denn im flachen Wattenmeer kann es ihnen jederzeit passieren, dass eine hungrige Möwe oder ein Brachvogel sie angreift. Nach Möglichkeit weichen sie mit der Ebbe in die Priele zurück, aber oft graben sie sich auch an Ort und Stelle im Watt ein. Strandkrabben sind Räuber und knacken mit ihren Scheren Muscheln und Schnecken. Auch bei Aas oder wehrlosen Würmern greifen sie zu.

Schwimmkrabbe *Liocarcinus holsatus*

Größe: bis 5 cm Panzerbreite
Fundzeit: ganzjährig
Häufigkeit: ●●●○

Beschreibung: Ein häufiges Wattenmeertier, dem man als Wattwanderer aber eher selten begegnet, ist die Schwimmkrabbe. Sie vermeidet das Trockenfallen, da sie dann sehr schnell von Möwen entdeckt und verspeist wird. In den Speiballen von Möwen finden sich die typischen kantigen Scheren der Schwimmkrabbe sehr häufig. Die Schwimmkrabbe ist ein Fischjäger und lauert vergraben im Sandboden. Schwimmt ein Beutefisch über sie hinweg, greift sie ihn von hinten unten an.

Pomatoschistus minutus Sandgrundel

Größe: bis 10 cm
Fundzeit: ganzjährig
Häufigkeit: ●●●●

Beschreibung: Den ganzen Sommer über kann man in jeder Wattpfütze und in jedem Priel sandfarbige kleine Fischchen umherflitzen sehen. Sie ähneln auf den ersten Blick den Sandgarnelen im gleichen Lebensraum, sind aber viel flinker und deutlich schwieriger zu fangen. Wie der Name Grundel schon sagt, halten sie sich meist am Grund auf, können aber bei Nacht oder bei großem Hunger auch mit kurzen Schwimmstößen frei im Wasser unterwegs sein. Sie jagen Kleintierchen aller Art und sind selbst beliebte Beute für Grün- und Rotschenkel, Löffler, Seeschwalben und für schnelle Raubfische.

Scholle *Pleuronectes platessa*

Größe: bis 50 (früher 100) cm
Fundzeit: ganzjährig
Häufigkeit: ●●●○

Beschreibung: Der häufigste Plattfisch im Wattenmeer ist die Scholle. Aus Schollenlaich von der englischen Ostküste gelangen Milliarden von Larven ins Wattenmeer und wachsen hier auf. Unterwegs verwandeln sie sich von normalen Fischchen in Plattfische, indem ein Auge durch verstärktes Schädelwachstum über die Stirn hinweg auf die andere Kopfseite wandert. Im Mai bei der Ankunft im Watt legen die Jungfische sich dann auf die »Blindseite« und wachsen als Plattfisch weiter. Bis Juni bleiben sie in den Wattpfützen, dann wandern sie mit dem Gezeitenstrom.

Solea solea Seezunge

Größe: bis 60 cm
Fundzeit: ganzjährig
Häufigkeit: ●●○○

Beschreibung: Mit einem »Hm, lecker!« wird man diesem interessanten Fisch keineswegs gerecht. Die Seezunge liegt zwar meist eingegraben im Sandboden und kommt nur nachts zur Beutejagd heraus. Trotzdem kann sie sich mit ihrem sehr beweglichen Körper auch an Steinen (oder Aquarienscheiben) fest ansaugen und so in der Senkrechten ruhen. Die Kinnfäden sind sehr sensible Tastsinnesorgane, mit denen sie vergrabene Würmchen und Garnelen sucht. Da das Kilo Seezunge Spitzenpreise erzielt, wird sie intensiv mit schweren Schleppnetzen gefischt, was den Meeresboden ruiniert. Theoretisch kann die Art 20 Jahre alt und bis zu 60 Zentimeter lang werden.

Steinbutt *Psetta maxima*

Größe: bis 70 (früher 90) cm
Fundzeit: ganzjährig
Häufigkeit: ●●○○

Beschreibung: Ein fast kreisrunder Plattfisch, der zudem beide Augen links hat und demnach auf seiner rechten Körperseite liegt, wird im Wattenmeer meist ein Steinbutt sein. Der Name kommt von kleinen steinharten Dörnchen in seiner Haut. Sowohl die Jungfische im Sommer als auch ältere Exemplare treten oft in kleinen Schwärmen auf, manchmal im Flachwasser direkt in Strandnähe. Da der Steinbutt ein gefräßiger Jäger ist und recht schnell wächst, ist er einer der wenigen Fische, die im Watt trotz intensiver Fischerei mitunter noch größer als 30 Zentimeter werden. Natürlicherweise könnte er 95 Zentimeter lang werden!

Chelon labrosus/ Mugil chelo **Dicklippige Meeräsche**

Größe: bis 70 cm
Fundzeit: April–Okt
Häufigkeit: ●●○○

Beschreibung: Ein spektakulärer Fisch, der seit etwa 1980 regelmäßig im Sommer im Wattenmeer auftaucht und sich hier neuerdings auch fortpflanzt, ist die Meeräsche. Die Art lebt überwiegend vegetarisch, indem sie bei Flut im ganz flachen Wasser die Algen vom Wattboden abfrisst. Die Fische versuchen auch, über Netze hinweg zu springen, wenn sie eingekreist werden. Weil Meeräschen sehr wohlschmeckend sind und zudem bis 70 Zentimeter groß werden, gibt es viele Nebenerwerbsfischer, die ihnen nachstellen – leider auch in den Nationalparks im Wattenmeer.

Seeskorpion *Myoxocephalus scorpius*

Größe: bis 30 cm
Fundzeit: ganzjährig
Häufigkeit: ●●●○

Beschreibung: Ein imposanter Raubfisch des Wattenmeeres ist der Seeskorpion. Er hat keine Giftstacheln, wie sein Name erwarten ließe, ist aber ein sehr gefräßiger Zeitgenosse. Tarnfarbig ruht er auf dem Meeresgrund zwischen Muscheln und Algen, wobei er sich im Kontrast seiner Zeichnung der Umgebung anpasst. Kommt ein Beutetier vorbei, das nicht größer ist als er selbst, schnellt er sich mit seinen kräftigen Brustflossen vorwärts und schnappt zu. Verschluckte Fische können mitunter noch stundenlang mit dem Schwanz zappeln, der aus dem Maul des Seeskorpions ragt.

Agonus cataphractus Steinpicker

Größe: bis 20 cm
Fundzeit: ganzjährig
Häufigkeit: ●●●○

Beschreibung: Wie ein Urzeitfisch mit dickem Knochenpanzer sieht der Steinpicker aus, obwohl er das keineswegs ist. Seine harte Schale schützt ihn gegen Fressfeinde und – glücklicherweise – auch gegen die Netze und Sortiertrommeln der Krabbenfischer. Daher ist die Art im Watt immer noch recht häufig, obwohl sie eine recht langwierige Fortpflanzung hat: Die Eier werden nahe Helgoland abgelegt und brauchen zehn Monate, bis sie schlüpfen! Erst nach weiteren zwei Jahren sind die Jungfische geschlechtsreif. Die Körperfärbung variiert je nach Umgebung von grau bis schwarzweiß.

Dreistachliger Stichling *Gasterosteus aculeatus*

Größe: bis 10 cm
Fundzeit: ganzjährig
Häufigkeit: ●●○○

Beschreibung: In jedem besseren Tümpel oder Graben, aber auch im Salzwasser der Nordsee ist dieser kleine silbrige Fisch zahlreich zu finden. Zur Tarnung ist er von unten silbrig, von oben grünbraun gebändert. Wird er trotzdem von einem Feind gepackt, spreizt er reflexhaft seine drei Rückenstacheln und die quer abstehenden Brustflossendorne. Wenn ein Raubfisch ihn trotzdem schluckt, durchbohren die Stacheln mitunter die Bauchdecke des Räubers. Im Frühling wandern die Stichlinge aus dem Salzwasser in Bäche und Flüsse, wo Sperrwerke ihnen dies nicht verwehren. Kaum ein Fisch ist so tolerant gegenüber dem Salzgehalt wie der Stichling!

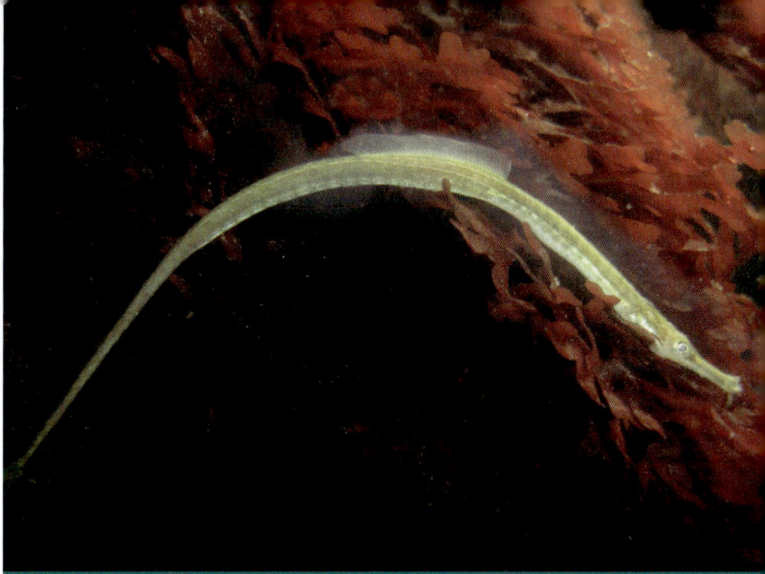

Syngnathus rostellatus Kleine Seenadel

Größe: bis 16 cm
Fundzeit: ganzjährig
Häufigkeit: ●●●○

Beschreibung: Dass Seenadeln zu den Fischen gehören, erschließt sich erst bei genauer Betrachtung. Sowohl die Flossen als auch die Kiemenöffnungen sind alles andere als auffällig. Das gilt aber auch für den ganzen Fisch und ist Teil der Überlebensstrategie. Im Wattenmeer findet man Seenadeln oft in der Nähe von Seegraswiesen, aber auch über Sandgrund. Sie fressen kleine Planktonkrebse, die sie mit ihrem kleinen Maul einsaugen. Zur Paarungszeit im Sommer umschlingen sie sich, und das Weibchen überträgt seine Eier in eine Bauchtasche des Männchens, wo sie heranwachsen.

Seepferdchen *Hippocampus hippocampus*

Größe: bis 12 cm
Fundzeit: ganzjährig
Häufigkeit: ●○○○

Beschreibung: Neben Seestern und Seehund ist das Seepferdchen sicher eines der beliebtesten Meerestiere. Die Ähnlichkeit der Kopfform und der lustige Rollschwanz heben die Seepferdchen stark von allen »normalen« Fischen ab. Lebende Seepferdchen wirken außerdem unbeholfen und zerbrechlich, denn sie bewegen sich langsam, gleiten nur kurz mit Hilfe ihrer kleinen Flossen durchs Wasser und klammern sich bald wieder an Algen fest. Leider sind weltweit fast alle Seepferdchen stark gefährdet, weil sie als Souvenirs oder »Medizinbestandteil« verkauft werden.

Harengus clypeatus **Hering**

Größe: 20–40 cm
Fundzeit: ganzjährig
Häufigkeit: ●●●●

Beschreibung: Der Hering ist ein sehr häufiger Fisch im Wattenmeer, den man allerdings eher auf dem Fischbrötchen als in der freien Wildbahn zu Gesicht bekommt. Er ist silbern, am Rücken blau, und hat stark glitzernde Schuppen, die sich bei Berührung leicht ablösen. Ab April erscheinen mehrere Schübe von Jungheringen im Wattenmeer, um hier im Flachwasser über den Sommer heranzuwachsen. Die Heringe wandern mit dem Gezeitenstrom durch die Priele und jagen Zooplankton, vermeiden aber strikt das Trockenfallen.

Pfeifente *Anas penelope*

Spannweite: 75–85 cm
Fundzeit: Sept–April
Häufigkeit: ●●●○

Beschreibung: Von September bis April sind oft große Schwärme von kleinen Enten an der Wattküste zu beobachten. Tagsüber halten sie sich fast immer in Wassernähe auf, um zum Schutz vor Greifvögeln jederzeit untertauchen zu können. Nachts fliegen sie oftmals landeinwärts und grasen auf nahrhaftem Winterweizen und Raps – sehr zum Leidwesen mancher Landwirte. Als reine Vegetarier mit recht schneller Verdauung müssen Pfeifenten bei Frost bis zu 20 Stunden am Tag grasen, um genug Energie zu gewinnen. Ihre Nachtsichtaugen erlauben ihnen Aktivität rund um die Uhr. Da Pfeifenten bei uns gejagt werden, sind sie sehr schreckhaft und fliehen bei Annäherung sehr früh.

Somateria molissima Eiderente

Spannweite: 80–110 cm
Fundzeit: ganzjährig
Häufigkeit: ●●●○

Beschreibung: Unsere größte heimische Tauchente ist ganzjährig im Wattenmeer anzutreffen. Auf fuchsfreien Inseln und Halligen gibt es etwa 10.000 Brutpaare im Watt. Vor allem aber kommen bis zu 300.000 Vögel aus der Ostsee zum Mausern und Überwintern ins Wattenmeer. Während die Weibchen noch brüten, mausern die Männchen aus ihrem unverwechselbaren Prachtkleid in ein fast schwarzes Schlichtkleid. Schon ab August wechseln sie aber wieder ins Prachtkleid und umbalzen ab Oktober bis Mai eifrig die braun tarnfarbigen Weibchen. Eiderenten tauchen bis 30 Meter tief und fressen Muscheln und Krebse, die sie mit ihrem kräftigen Kaumagen geräuschvoll zerknacken.

Brandgans *Tadorna tadorna*

Spannweite: 110–130 cm
Fundzeit: ganzjährig
Häufigkeit: ●●●○

Beschreibung: Ob man diesen Vogel Brandgans oder Brandente nennt, ist Geschmackssache. Er ist Fleischfresser und lebt in Saisonehe, was für die Bezeichnung »Ente« spricht. Er ist langhalsig und in beiden Geschlechtern gleichfarbig, was wiederum für »Gans« spricht. Die Weibchen brauchen in der Brutzeit keine Tarnfarbe, weil sie unterirdisch in Tierhöhlen brüten – ausnahmsweise sogar beim Fuchs, der in seinem Bau nicht jagt. Im August versammeln sich 200.000 Brandgänse im Watt nördlich der Elbmündung, um möglichst ungestört ihr Gefieder zu mausern – ein einmaliges Naturschauspiel.

Branta bernicla **Ringelgans**

Spannweite: 110–120 cm
Fundzeit: Sept/Mai
Häufigkeit: ●●●○

Beschreibung: Erst kam es 1930 im Watt zu einem großen Seegrassterben, und dann verbannte Stalin Tausende von hungrigen Gefangenen in die nordsibirischen Brutgebiete der Ringelgans. Beides zusammen brachte die kleine arktische Gans mit dem weißen Po an den Rand des Aussterbens. Inzwischen gibt es wieder etwa 200.000 Ringelgänse auf der Taymir-Halbinsel in Nordsibirien, und alle besuchen im Frühjahr und Herbst das Wattenmeer. Im Herbst fressen die Ringelgänse auf dem Watt Algen und Seegras, während sie im Frühling die ergrünenden Salzwiesen aufsuchen. Ringelgänse leben in Familienverbänden, wobei Jungvögel an hellen Rückenstreifen und einem anfangs fehlenden Halsring erkennbar sind.

Graugans *Anser anser*

Spannweite: 145–180 cm
Fundzeit: ganzjährig
Häufigkeit: ●●●○

Beschreibung: Die in Keilformation am grauen Himmel ziehenden Gänse sind vermutlich zu allen Zeiten ein Symbol für Wandel und Aufbruch gewesen. Ab etwa 1850 war die Graugans, die Stammform der weißen Hausgänse, als Brutvogel in Mitteleuropa fast ausgerottet. Sie zog nur gemeinsam mit Saat-, Bläss-, Zwerg- und Kurzschnabelgans über uns hinweg nach Skandinavien. Seit etwa 1950 hat sich die Graugans in Deutschland wieder flächendeckend ausgebreitet. Sie brütet teilweise schon ab März im Röhricht größerer Gewässer und kann pro Saison sechs bis zehn Gössel aufziehen. Graugänse sind intelligent, wehrhaft und leben in Dauerehe.

Haematopus ostralegus Austernfischer

Spannweite: 80–85 cm
Fundzeit: ganzjährig
Häufigkeit: ●●●●

Beschreibung: Der wohl auffälligste Vogel des Wattenmeeres öffnet mit seinem orangefarbenen Schnabel Muscheln – allerdings keine Austern. Er ist ganzjährig entlang der gesamten Wattenmeerküste anzutreffen und brütet flächendeckend in den Salzwiesen, manchmal auch auf Flachdächern. Der Austernfischer ist ein sehr langlebiger Vogel und kann über 40 Jahre alt werden! Er ist sehr standorttreu und verteidigt seine Brut- und Nahrungsreviere aggressiv gegen Artgenossen. Die bis zu drei Jungen werden sorgsam gefüttert und betreut.

Säbelschnäbler *Recurvirostra avosetta*

Spannweite: 75–80 cm
Fundzeit: April–Sept
Häufigkeit: ●●●○

Beschreibung: Erst wenn man einen Säbelschnäbler bei der Nahrungssuche beobachtet, versteht man, was er mit diesem seltsam gebogenen Schnabel anfangen kann: Er wischt in Wattpfützen und weichem Schlickboden seitlich hin und her. So fängt er flach im Boden versteckte Würmer und Krebschen. Eigentlich ist er ein subtropisch verbreiteter Vogel, dessen Küken oft zum Wärmen unter den elterlichen Bauch schlüpfen müssen. Dass er trotzdem im kalten Wattenmeer vorkommt, verdankt er dem Seeringelwurm. Zur Mauser im Spätsommer versammeln die Säbelschnäbler sich in großen Schlickbuchten wie dem Jadebusen und der Rømø-Bucht. Den Winter verbringen sie in Südwesteuropa.

Charadrius hiaticula Sandregenpfeifer

Spannweite: 50–55 cm
Fundzeit: ganzjährig
Häufigkeit: ●○○○

Beschreibung: Man glaubt kaum, wie schwierig es sein kann, einen brütenden Sandregenpfeifer zu entdecken. Trotz seiner kontrastreichen Gesichtsmaske bemerkt man diesen Strandbrüter meist erst dann, wenn man ihn vom Nest aufgescheucht hat. Oft flattert ein Altvogel mit scheinbar verletztem Flügel vor dem Eindringling her und lockt ihn unter Piepsen und Flattern mit sich – und weg vom Nest. »Verleiten« nennt man diesen Trick, den die Regenpfeifer besonders meisterlich beherrschen. Da sie auf kiesige Strände als Brutplatz angewiesen sind und hier durch Menschen immer wieder gestört werden, ist ihr Brutbestand leider rückläufig.

Alpenstrandläufer *Calidris alpina*

Spannweite: 40–45 cm
Fundzeit: ganzjährig
Häufigkeit: ●●●●

Beschreibung: Dieser kleine Wattvogel mit dem merkwürdigen Namen ist der häufigste Zugvogel im Wattenmeer. Der schwedische Naturforscher Carl von Linné nannte den Vogel *Caldiris alpina*, weil er ihn als Brutvogel aus den schwedischen Bergregionen kannte, die man damals »Skandinavische Alpen« nannte. Der Alpenstrandläufer ist fast ganzjährig in kleinen, großen oder sehr großen Schwärmen im Watt anzutreffen. Tausende der Vögel bilden lebende Wolken, die über Kilometer zu sehen sind. Die Brutgebiete liegen meist nördlich des Polarkreises, die Wintergebiete in Westeuropa und Afrika. Bis etwa 2000 gab es eine Brutpopulation im Watt, die nun ausgestorben ist.

Calidris canutus **Knutt**

Spannweite: 45–55 cm
Fundzeit: Aug/Mai
Häufigkeit: ●●●○

Beschreibung: Ein Knutt kommt selten allein! Viel stärker als andere Watvögel bildet der Knutt am Hochwasserrastplatz, im Flug, aber vor allem auch auf dem Watt große Schwärme. Grund hierfür dürfte der Schutz vor Greifvögeln sein, den der Schwarm bietet, aber auch die Nahrungssuche. Der Knutt hat einen Kaumagen und ernährt sich von Jungmuscheln, überwiegend der Plattmuschel (Rote Bohne). Da die Muscheln schwer zu finden sind, orientieren Knutts sich gerne an Artgenossen. Mit speziellen Drucksensoren an der Schnabelspitze erspüren die Vögel im Boden vergrabene Muscheln.

Rotschenkel *Tringa totanus*

Spannweite: 60–65 cm
Fundzeit: ganzjährig
Häufigkeit: ●●●○

Beschreibung: Einst war der Rotschenkel ein Wiesenvogel, heute ist er ein Küstenvogel. Entwässerung und Düngung der Wiesen im Binnenland haben ihn in die langgrasigen Küstensalzwiesen verdrängt. Hier baut er im Mai sein perfekt getarntes Nest unter einem Zelt aus zusammengezogenen Halmen. Das melodische Trillern seiner Balz- und Warnrufe brachte ihm den plattdeutschen Namen »Tüter« ein. Oft sieht man ihn auf Zaunpfählen sitzen und rufen. Außerhalb der Brutzeit sind Rotschenkel überall im Watt anzutreffen. Sie picken in Pfützen nach Grundeln und Garnelen oder stochern im Schlick nach Beute. Bis zu 50 Schlickkrebse pro Minute kann ein Rotschenkel aufpicken!

Numenius arquata Großer Brachvogel

Spannweite: 80–100 cm
Fundzeit: ganzjährig
Häufigkeit: ●●●○

Beschreibung: Weibliche Brachvögel haben den bei weitem längsten Schnabel im Wattenmeer – er ist bis zu 18 Zentimeter lang. Bei den Männchen ist er etwa zwei Zentimeter kürzer, so dass die Geschlechter etwas unterschiedliche Beute suchen. Sie stochern tief im Boden nach Muscheln und Würmern und können die Schnabelspitze sogar im Boden öffnen. Brütende Brachvögel sind im Wattenmeer eine Rarität in wenigen Dünenmooren. Etwa 200.000 Durchzügler und Überwinterer hingegen bevölkern das Wattenmeer fast ganzjährig und sind anhand ihrer melodischen Trillerrufe zu entdecken. Die Vögel können über 30 Jahre alt werden!

Küstenseeschwalbe *Sterna paradisaea*

Spannweite: 75–85 cm
Fundzeit: April–Sept
Häufigkeit: ●●○○

Beschreibung: Inbegriff von Eleganz und Leichtigkeit ist der Flug der Seeschwalben. Dabei vollbringt die Küstenseeschwalbe alljährlich eine Weltrekordleistung: 80.000 Flugkilometer in zehn Monaten! Grönländische Küstenseeschwalben wurden mit Sendern versehen und flogen über die Azoren und Afrika ins Südpolarmeer, verbrachten dort den Südsommer und flogen über Brasilien zurück nach Grönland. Da sie zwei Polarsommer pro Jahr erlebt, ist die Küstenseeschwalbe auch Weltrekordhalter im Sonnengenuss. Die langen Tage sind günstig für ihren Beutefang, denn als Stoßtaucher muss sie die Fischchen im Wasser natürlich sehen.

Larus ridibundus Lachmöwe

Spannweite: 95–110 cm
Fundzeit: ganzjährig
Häufigkeit: ●●●●

Beschreibung: Der häufigste Brutvogel des Wattenmeeres ist mit über 100.000 Paaren die Lachmöwe. Sie bildet große lärmende Kolonien in Dünen und Salzwiesen, wo Fuchs und Dachs sie nicht erreichen. Seeschwalben brüten gern in der Nähe der Lachmöwen, weil kleinere Angreifer dann gemeinsam verjagt werden können. Eierraub durch die Lachmöwen kommt zwar vor, ist aber kein echtes Problem. Meist sucht die Lachmöwe auf dem Watt nach Würmern und Jungmuscheln oder stochert in Wattpfützen nach Garnelen und Grundeln. Bis etwa 1900 kam die Art nur im Binnenland an Flachseen (»Lachen«) vor, dann begann ihre Eroberung der Küste.

Silbermöwe *Larus argentatus*

Spannweite: 140–150 cm
Fundzeit: ganzjährig
Häufigkeit: ●●●●

Beschreibung: Der klassische Vogel der Nordseeküste ist die Silbermöwe. Sie sitzt in jedem Hafen auf den Pfählen, folgt jedem Ausflugsschiff und versucht an jedem Strand, einen Keks oder eine Pommes zu ergattern. Stellenweise gibt es spezialisierte Exemplare, die durch Fütterungen auf die Idee gekommen sind, sich selbst zu bedienen: Im Sturzflug reißen sie den Urlaubsgästen Eis, Döner oder Crèpes aus der Hand. Wie alle Möwen ist die Silbermöwe sehr anpassungsfähig. Sie kann im Watt Krebse jagen, auf Wiesen Käfer und Regenwürmer suchen, und auf Campingplätzen die Mülltonnen und Vorzelte plündern. Sie ist ganzjährig im Watt anwesend.

Larus fuscus Heringsmöwe

Spannweite: 135–150 cm
Fundzeit: April–Oktober
Häufigkeit: ●●●○

Beschreibung: Mit ihrem dunklen Rücken und gelben Beinen ist die Heringsmöwe im Sommer gut von der gleich großen Silbermöwe unterscheidbar. Dieser »Spätstarter« unter den Möwen hat erst um 1990 begonnen, sich an der Wattenmeerküste auszubreiten. Lach-, Sturm- und Silbermöwe hatten schon ab 1900 aus dem Binnenland das Watt erobert. Zunächst nutzte die Heringsmöwe vor allem Fangreste der Fischkutter auf der Nordsee. Ab 2000 wurde sie aber zunehmend auch auf Äckern und Wiesen beobachtet und erweiterte ihr Nahrungsspektrum sichtlich. Die Heringsmöwe ist der einzige Langstreckenzieher unter unseren Möwen und überwintert in Spanien und Marokko!

Kormoran *Phalacrocorax carbo*

Spannweite: 130–160 cm
Fundzeit: ganzjährig
Häufigkeit: ●●○○

Beschreibung: Ein ehemals fast ausgerotteter Vogel, dem manche Menschen schon wieder den Tod wünschen, ist der Kormoran. Um 1970 brüteten Kormorane nur noch auf ein paar Wracks in der Elbmündung, ansonsten war die Art in Deutschland ausgerottet. Durch strengen Schutz hat er sich europaweit wieder erholt und zeigt nun, was er kann: Da er sein Gefieder beim Tauchen durchnässt und kein Luftpolster mitschleppt, ist er ein begnadeter Fischfänger. Sein Talent wird in Asien zum Fischfang mit dressierten Kormoranen genutzt.

Phoca vitulina Seehund

Größe: 140–170 cm
Fundzeit: ganzjährig
Häufigkeit: ●●●○

Beschreibung: Der Seehund ist mit über 30.000 Exemplaren der mit Abstand häufigste Meeressäuger im Wattenmeer. Seine Jungen kommen im Juni bei Ebbe auf abgelegenen Sandbänken zur Welt. Schon Stunden später können sie schwimmend der Mutter folgen. Verloren gegangene Jungtiere nennt man »Heuler« und versorgt sie in speziellen Aufzuchtstationen – oder auch nicht. Die »Seehundsfahrten« sind ein wichtiger Wirtschaftsfaktor im touristischen Angebot des Nationalparks Wattenmeer.

Kegelrobbe *Halychoerus grypus*

Größe: 180–230 cm
Fundzeit: ganzjährig
Häufigkeit: ●●○○

Beschreibung: Die Kegelrobbe war bis ins Mittelalter häufig an unseren Küsten, wie Knochenfunde bewiesen. Es gibt sogar eine 12.000 Jahre alte Steinritzung von der Mosel, wohin die Robbe wohl einst den Lachsen folgte. Da junge Kegelrobben 20 Tage hilflos am Strand liegen, gelang unseren Vorfahren die Ausrottung der Art im Wattenmeer. Ab 1980 kamen Kegelrobben aus England und begannen hier wieder mit der Fortpflanzung. Die Kegelrobbe wird über 2 Meter lang und fast 300 Kilogramm schwer. Die dunkel gefärbten Bullen liefern sich blutige Kämpfe am Strand, sobald die hell gefleckten Weibchen im Dezember ihre Jungen abstillen.

Phocoena phocoena Schweinswal

Größe: 140–180 cm
Fundzeit: ganzjährig
Häufigkeit: ●●○○

Beschreibung: Der einzige Wal, der regelmäßig bis in die Priele des Wattenmeeres hinein schwimmt, ist der Schweinswal. Er wird 1,5 Meter lang und bis 40 Kilogramm schwer. Weiter im Norden seines die ganze Nordhalbkugel umspannenden Verbreitungsgebietes findet man auch etwas größere Rassen. Der Schweinswal ist ein Küstenwal, der im Flachwasser lebt und nur sieben Minuten die Luft anhalten kann. Zum Vergleich: Ein Seehund schafft 40 Minuten! Mit seinem Echolot ist der Wal auch in trübem Wasser in der Lage, Fische zu »sehen« und zu fangen. Er wird etwa 20 Jahre alt, und das Weibchen bekommt jährlich im Juni ein Junges. Beide bleiben bis zum nächsten Frühjahr zusammen.

Naturschutz

Obwohl das Wattenmeer international, national und regional unter Schutz steht, ist der Erhalt seiner Naturwerte und Schönheiten keineswegs gesichert. Klimawandel und Schiffsverkehr, aber auch Tourismus und Fischerei bedrohen jetzt und wohl auch in Zukunft die Wattnatur. Außerdem sind in der Vergangenheit durch Fischerei, Landwirtschaft und Küstenschutz bereits Arten aus dem Wattenmeer verdrängt worden, die eigentlich zurückkehren könnten – und sollten.

Da Aufgaben sich nie von selbst erledigen, im Naturschutz schon gar nicht, braucht der Wattenmeerschutz aktive Unterstützung:

- Sprechen Sie mit anderen Menschen über Naturschutz und fragen Sie sich schlau.
- Suchen Sie nach umweltverträglichen touristischen Angeboten.
- Besuchen Sie die Nationalpark-Infozentren.
- Nehmen Sie an Exkursionen von Naturschutzverbänden und Nationalparkpartnern teil.
- Unterstützen Sie die Naturschutzverbände durch Spenden oder als Mitglied.